BEI GRIN MACHT SICH IHR WISSEN BEZAHLT

- Wir veröffentlichen Ihre Hausarbeit, Bachelor- und Masterarbeit

- Ihr eigenes eBook und Buch - weltweit in allen wichtigen Shops

- Verdienen Sie an jedem Verkauf

Jetzt bei www.GRIN.com hochladen und kostenlos publizieren

Bibliografische Information der Deutschen Nationalbibliothek:

Die Deutsche Bibliothek verzeichnet diese Publikation in der Deutschen Nationalbibliografie; detaillierte bibliografische Daten sind im Internet über http://dnb.d-nb.de/ abrufbar.

Dieses Werk sowie alle darin enthaltenen einzelnen Beiträge und Abbildungen sind urheberrechtlich geschützt. Jede Verwertung, die nicht ausdrücklich vom Urheberrechtsschutz zugelassen ist, bedarf der vorherigen Zustimmung des Verlages. Das gilt insbesondere für Vervielfältigungen, Bearbeitungen, Übersetzungen, Mikroverfilmungen, Auswertungen durch Datenbanken und für die Einspeicherung und Verarbeitung in elektronische Systeme. Alle Rechte, auch die des auszugsweisen Nachdrucks, der fotomechanischen Wiedergabe (einschließlich Mikrokopie) sowie der Auswertung durch Datenbanken oder ähnliche Einrichtungen, vorbehalten.

Impressum:

Copyright © 2015 GRIN Verlag, Open Publishing GmbH
Druck und Bindung: Books on Demand GmbH, Norderstedt Germany
ISBN: 978-3-668-14608-2

Dieses Buch bei GRIN:

http://www.grin.com/de/e-book/315626/der-weg-der-fluechtlinge-nach-deutschland-7-klasse-gesellschaftslehre

Jens Goldschmidt

Der Weg der Flüchtlinge nach Deutschland (7. Klasse, Gesellschaftslehre, Atlasarbeit)

GRIN Verlag

GRIN - Your knowledge has value

Der GRIN Verlag publiziert seit 1998 wissenschaftliche Arbeiten von Studenten, Hochschullehrern und anderen Akademikern als eBook und gedrucktes Buch. Die Verlagswebsite www.grin.com ist die ideale Plattform zur Veröffentlichung von Hausarbeiten, Abschlussarbeiten, wissenschaftlichen Aufsätzen, Dissertationen und Fachbüchern.

Besuchen Sie uns im Internet:

http://www.grin.com/

http://www.facebook.com/grincom

http://www.twitter.com/grin_com

Jens Goldschmidt (Lehrer)

Unterrichtsentwurf

Fach: Gesellschaftslehre

Klasse: 7

Thema der Unterrichtseinheit: Atlasarbeit

Thema der Unterrichtsstunde: Der Weg der Flüchtlinge nach Deutschland

1. Stellung der Stunde in der Unterrichtseinheit

Stunde	Thema
1. Der Atlas	- Wofür brauchen wir den Atlas?
2. - 3. Europa und Afrika	- Orientierung in Deutschland - Die Topographie Europas und Afrikas (Ballungsräume, Wellen und Becken)
4.	- Die Topographie Amerikas (Nord- und Südamerika)
5. - 6.	- **Der Weg der Flüchtlinge nach Deutschland (Exkurs)**
7. - 8.	- Klima- und Vegetationszonen
9. - 10.	- Analyse von Klimadiagrammen

2. Kompetenzen

Im Rahmen der geplanten Unterrichtsstunde werden in Anlehnung an das Niedersächsische Kerncurriculum für das Fach Gesellschaftslehre schwerpunktmäßig folgende Kompetenzen angebahnt:

Die Schülerinnen und Schüler...

a) Orientierungskompetenz[1]

... orientieren sich mit Hilfe von Globus und Karte in Räumen.
... beschreiben Ursachen und Auswirkungen von Migration.

b) Urteilskompetenz[2]

... beurteilen Strategien zur Bewältigung von Migration.

c) Handlungskompetenz[3]

... werten Text- und Sachquellen [...] aus und entnehmen diesen wesentliche Informationen.

---

[1] Niedersächsisches Kultusministerium: Kerncurriculum für die Integrierte Gesamtschule. Schuljahrgänge 5-10. Gesellschaftslehre. Hannover, 2014, S. 15 ff.
[2] Vgl. a.a.O.
[3] Vgl. ebd. S. 27.

Lernfeld[4]

Ort und Raum/ Individuum und soziale Welt

Erkenntnisse dokumentieren und präsentieren[5]

Die Schülerinnen und Schüler stellen Arbeitsergebnisse in Form eines Kurzvortrags [...] vor.

3. Lernziel der Unterrichtsstunde

Groblernziel

Die Schülerinnen und Schüler erkennen die Ursachen und Folgen von Migration, indem sie sich mit Fallbeispielen zur aktuellen Flüchtlingsproblematik auseinandersetzen.

Feinlernziele (FLZ)

Die Schülerinnen und Schüler...

FLZ I ... werden mithilfe der Bilder von Flüchtlingen für das Thema der Stunde sensibilisiert.

FLZ II ... erkennen wesentliche Aspekte ihres Fallbeispiels und sind in der Lage, diese mit Blick auf den anstehenden Kurzvortrag zu erläutern.

FLZ III ... bereiten mithilfe ihrer Mitschülerinnen und Mitschüler einen Kurzvortrag über das in ihrer Gruppe zu behandelnde Fallbeispiel vor.

FLZ IV ... tragen alleine oder zu zweit die Ergebnisse der Gruppenarbeit adressatengerecht im Plenum vor.

FLZ V ... erläutern auf Grundlage der gehörten Vorträge die Ursachen und Folgen von Migration für Kinder.

---

[4] Vgl. ebd. S. 17.
[5] Vgl. ebd. S. 29.

4. Beschreibung der Lerngruppe

Die Klasse 7x unterrichte ich im Fach Gesellschaftslehre seit Beginn des Schuljahres 2013/2014. Die Lerngruppe umfasst 28 Schülerinnen und Schüler, darunter 16 Mädchen und zwölf Jungen.

Das Verhältnis der Schülerinnen und Schüler untereinander ist als durchweg positiv zu bewerten. In der Regel arbeiten die Schülerinnen und Schüler in Gruppen- und Partnerarbeit zuverlässig zusammen, auch wenn sie von Zeit zu Zeit zu einer ruhigeren Arbeitsweise ermahnt werden müssen. Grundsätzlich haben die Schülerinnen und Schüler Spaß am Fach Gesellschaftslehre.

Die Schülerinnen und Schüler sitzen seit April 2015 in Reihen. Die Tischreihen wurden nach dem Helferprinzip zusammengestellt, sodass stärkere und schwächere Lernende nebeneinander sitzen. Gegenseitige Unterstützungsprozesse haben sich im Laufe der Zeit automatisiert, was einer fruchtbaren Arbeitsatmosphäre zuträglich ist. Das Sitzen in Reihen hat den Vorteil, dass alle Lernenden einen guten Blick nach vorne haben und in Einzelarbeitsphasen konzentrierter arbeiten. Mit minimalem Aufwand können außerdem Tischgruppen hergestellt werden.

Insgesamt ist auf diese Weise eine aktive Mitarbeit aller Schülerinnen und Schüler gewährleistet.

5. Didaktische Analyse

Formal begründet ist die Unterrichtseinheit "Atlasarbeit" und das Thema dieser Stunde durch den Jahresarbeitsplan der IGS Langenhagen. Die Flüchtlingsproblematik gehört zudem zu den Schlüsselproblemen des Faches Gesellschaftslehre und ist den Lernfeldern "Ort und Raum" und "Individuum und soziale Welt" zuzuordnen.[6] Das Thema hat einen hohen Aktualitätsbezug: Die Schülerinnen und Schüler werden durch die Medien permanent mit der Flüchtlingsproblematik konfrontiert und sollen durch die Fallbeispiele für die Thematik sensibilisiert werden. Es bietet sich daher an, das Thema als einen Exkurs in die Unterrichtseinheit aufzunehmen. Dies auch, weil mithilfe des Atlas eine räumliche Orientierung ermöglicht wird.

---

[6] Vgl. ebd. S. 8.

In der vorliegenden Stunde werden vier Fallbeispiele thematisiert. Es ließe sich sicherlich noch eine Vielzahl weiterer Fallbeispiele von Flüchtlingen aus weiteren Ländern finden. Ebenso könnte man die behandelten Fallbeispiele thematisch vertiefen (Akzeptanz der Flüchtlinge, Unterbringung, Asylpolitik, Rolle der EU uvm.). Im Sinne einer didaktischen Reduktion wird in der vorliegenden Stunde jedoch das Hauptaugenmerk auf die Ursachen und die Folgen der Migration gelegt. Es wird somit der exemplarische Ansatz verfolgt, anhand konkreter, für die Schülerinnen und Schüler greifbarer Fallbeispiele die wichtigsten Aspekte der Migration in einen Bedeutungszusammenhang (Was bedeutet die Flucht für Familien/ die Kinder?) zu stellen, der für die Schülerinnen und Schüler verständlich und nachvollziehbar ist.

Als Minimalziel der Stunde ist intendiert, dass die Schülerinnen und Schüler in der Lage sind, die Ursachen und Folgen von Migration aus verschiedenen Regionen der Welt erläutern zu können. Das Maximalziel beinhaltet eine vertiefende Beschäftigung mit der Thematik, etwa einen Rückschluss auf die persönliche Lebenswelt, eine weiterführende Orientierung mit dem Atlas oder das Anführen von Hilfsmöglichkeiten für Flüchtlinge vor Ort.

Als Differenzierung erhalten schwächere Schülerinnen und Schüler nach Beratung durch die Lehrkraft vereinfachte Text mit Hervorhebungen, die die Sinnentnahme erleichtern sollen. Stärkere bzw. schnellere Lernende können optional die Bonusaufgabe erledigen, um sich tiefer mit der Materie zu beschäftigen.

6. Methodische Analyse

Einstieg/Hinführung: Mithilfe der Bilder werden die Schülerinnen und Schüler an das Thema der Stunde herangeführt. Die Bilder sollen darüber hinaus Betroffenheit auslösen und Vorwissen aktivieren, auch weil das Schicksal von Kindern und Jugendlichen im Vordergrund steht. Auf Grundlage der von den Schülerinnen und Schülern geäußerten Vermutungen zum Ursprung der Bilder wird dann zum Thema der Stunde übergeleitet. Die Agenda der Stunde wird präsentiert, um Transparenz zu schaffen.

Erarbeitung: Die Erarbeitungsphase dient der intensiven inhaltlichen Aufbereitung der Fallbeispiele, die zunächst alleine, dann mit dem Partner und schließlich in der Gruppe erfolgt. Dieser kooperative Ansatz (Think, Pair, Share) birgt in hohem Maße

Differenzierungspotential, da schwächere Schüler mit stärkeren zusammenarbeiten und Unterstützung erhalten. Das Anfügen von Leitfragen, die in allen Fallbeispielen identisch sind, ermöglicht allen Lernenden eine gezieltere Informationsentnahme sowie eine Fokussierung auf wichtige Aspekte. Eine Gegenüberstellung/Vergleichbarkeit der einzelnen Fallbeispiele ist somit möglich.

Präsentationsphase: In dieser Phase tragen bis zu zwei Lernende ihre Ergebnisse vor der Klasse vor. Die übrigen Schülerinnen und Schüler hören zu und bearbeiten den Beobachtungsauftrag. Die Einbindung eines leistungsstärkeren Lernenden in die Besprechung des Beobachtungsauftrags dient sowohl der Reduzierung des Spracheinsatzes der Lehrkraft, als auch der Verantwortungsübernahme für den Unterrichtsablauf durch die Schülerinnen und Schüler. Abschließend geben die Lernenden den Vortragenden ein kurzes Feedback im Verhältnis 2:1 (zwei positive Aspekte, ein Aspekt, den man noch verbessern kann). Dies dient der Wertschätzung der Schülerarbeiten und soll die Präsentationsfähigkeit verbessern.

Transferphase: In der abschließenden Phase des Unterrichts ist intendiert, die Schülerinnen und Schüler Ursachen und Folgen der aktuellen Flüchtlingskrise zusammenfassend erläutern zu lassen. Zudem können bei ausreichender Zeit Vorschläge zur Lösung dieser und Möglichkeiten der Hilfe aufgezeigt und gesammelt werden.

7. Geplanter Unterrichtsverlauf

Zeit	Phase/ Lernziel/ Diff.	Geplanter Unterrichtsverlauf	Arbeits- und Sozialform	Medien
08.45 Uhr	Begrüßung	Die Lehrkraft begrüßt die SuS, die an Tischreihen zu vier Personen sitzen.	Plenum	M1 Sitzplan
	Motivations-phase *FLZ I*	Die Lehrkraft legt zwei Bilder von Flüchtlingen als stummen Impuls auf. Die SuS äußern sich zu den Bildern, ggf. erfolgt eine Lenkung der SuS durch Impulsfragen.		M2 Bilder
08.52 Uhr	Hinführung	Die Lehrkraft leitet inhaltlich zum Thema und Ablauf der Stunde über. Ablaufplan und Arbeitsaufträge werden von einem Schüler/ einer Schülerin vorgelesen.	Plenum/ Frontal	M3 Ablaufplan OHP
08.55 Uhr	Erarbeitung	Die SuS erhalten pro Gruppe eines von vier themendifferenten Fallbeispielen, in denen es um je ein Flüchtlingskind aus verschiedenen Ländern geht. Drei Fallbeispiele sind doppelt besetzt.		M4-M7 Fallbeispiele
	FLZ II	SuS lesen zunächst die Texte (*Think*) und tauschen sich danach mit ihrem Partner darüber aus (*Pair*). Verständnisfragen werden in der Gruppe, ggf. mithilfe der Lehrkraft geklärt.	Gruppenarbeit, Kooperatives Lernen	
	FLZ III	SuS erarbeiten in der Gruppe einen Kurzvortrag zu ihrem Fallbeispiel. Alle Schüler sollten in der Lage sein vorzutragen. Das Los entscheidet, falls sich kein Freiwilliger findet.		
	Diff. ↓ Diff. ↑	Leistungsschwächere SuS erhalten bei Bedarf einen Text mit Hervorhebungen. Schnellere SuS werden dazu angehalten, die Bonusaufgaben zu erledigen		M4-M7 Fallbeispiele (differenziert)
09.20 Uhr	Präsentation *FLZ IV*	Der in der Gruppe erarbeitete Kurzvortrag wird von ein bis zwei SuS pro Gruppe vorgetragen. Die Bilder der Kinder werden als Visualisierung eingeblendet. *Share*)	Plenum, Schülervortrag	OHP
		Gruppen, die das gleiche Fallbeispiel bearbeitet haben, ergänzen als Experten.		
		Während der Präsentation ergänzen die übrigen SuS ihre Beobachtungsbögen, stellen im Anschluss an das Interview ggf. Fragen an vortragende SuS. Die wichtigsten Aspekte der Vorträge werden jeweils auf Grundlage des Beobachtungsbogens besprochen. SuS übernehmen die Moderation.	Einzelarbeit	M8 Beobachtungsauftrag
	Sicherung *FLZ V*	SuS geben den Vortragenden ein kurzes Feedback zum Vortrag (2:1-Feedback).		
09.38 Uhr	Transfer	Die Lehrkraft bittet die SuS abschließend zusammenzufassen, welche Aspekte in der aktuellen Flüchtlingskrise eine Rolle spielen. Bei Zeitplus können Möglichkeiten der Hilfe sowie Ideen zur Lösung der Krise gesammelt werden.	Unterrichtsgespräch	

8. Anhang/ Materialien

M1 Kommentierter Sitzplan

Legende:

	Tafel				Beteiligung	Leistungsvermögen
					++ stetig	sehr leistungsstark
					+ regelmäßig	leistungsstark
Lehrertisch					o schwankend	durchschnittlich leistungsstark
					- wenig	wenig leistungsstark

M2 Bilder zum Stundeneinstieg

7 8

---

[7] Bildquelle: http://bilder.t-online.de/b/67/89/15/18/id_67891518/610/tid_da/flucht-vor-dem-hungertod-rund-1500-zivilisten-rund-zehn-prozent-der-bewohner-duerfen-jetzt-das-palaestinenserlager-jarmuk-bei-damaskus-verlassen-.jpg.

[8] Bildquelle: http://www.zeit.de/politik/2015-09/gefluechtete-2/bitblt-820x461-a3e51d71c8dda868e84c15b7e77b675bec3f935b/wide.

M3 Ablaufplan

Stundenablauf

Thema: Der Weg der Flüchtlinge nach Deutschland

- **Arbeitsaufträge:**

Einzelarbeit: Lies deinen Texte sorgfältig! Benutze am besten einen Textmarker, um Wichtiges zu markieren!

Partnerarbeit: Tausch' dich mit deinem Partner aus, klärt Fragen!

Gruppenarbeit: Bereitet gemeinsam einen Kurzvortrag zu eurem Fallbeispiel vor!

In dem Vortrag muss deutlich werden, worum es in dem Text geht! Leitfragen hierzu befinden sich unter jedem Text.

Wenn noch Zeit ist: Übt euren Vortrag!

                                       bis   :   Uhr

- **Präsentation:**

- Maximal zwei Schüler aus eurer Gruppe tragen vor!
- Der Rest der Klasse passt gut auf und füllt den Beobachtungsbogen aus.

                                       bis   :   Uhr

M4 Arbeitsblatt 1 *(hier aus ökonomischen Gründen mit Hervorhebungen als Differenzierung für leistungsschwächere SuS. Diese entfallen bei der Version für alle SuS)*

Der Weg der Flüchtlinge nach Deutschland

Beispiel 1: Pajam aus Afghanistan

Die Flüchtlingskrise ist momentan das vorherrschende Thema in den Nachrichten. Es gibt dabei unterschiedliche Gründe, warum Menschen ihre Heimat verlassen und auch kommen die Flüchtlinge aus verschiedenen Ländern. Wir wollen den Weg der Flüchtlinge nachverfolgen und die Ursachen der Flucht herausfinden.

Pajam (11) ist im Süden Afghanistans aufgewachsen. Ihr Vater hatte dort eine **gut laufende Schneiderei**. Wegen der anhaltenden Dürre gab es dort immer **weniger Lebensmittel**. Außerdem setzen sich in diesem ländlichen Gebiet die **Taliban** durch. Das ist eine islamistische Organisation, die dort bis heute **Angst und Schrecken verbreitet.**

Pajam ist schließlich aus Angst vor den Taliban und wegen der drohenden **Hungersnot** zunächst in ein **Flüchtlingslager nach Kabul**, Ende Mai 2015 dann von dort aus in **Richtung Europa** geflohen. Oftmals machen sich sogenannte "Schlepper" die Notsituation der fluchtwilligen Menschen zu Nutze. Sie kassieren enorme Geldsummen und **versprechen den Menschen ein besseres Leben in Europa**. So hat auch Pajams Familie in Afghanistan alles **hinter sich gelassen**: das Zuhause, den Beruf, Freunde, Familie und Bekannte.

Die **Flucht** nach Deutschland war **grausam**. Auf dem Landweg ging es auf Lastwagen, per Bus und Bahn sowie zu Fuß mit hunderten anderen Flüchtlingen über die Türkei nach München, wo Pajam zunächst in einem **Aufnahmelager in Zelten** wohnen muss. Auch wenn Pajam froh ist, in Deutschland vorerst in **Sicherheit** zu sein, so weiß sie nicht, ob sie dauerhaft bleiben darf oder früher oder später zurück nach Afghanistan muss. So gerne würde sie in die **Schule gehen** und später einen richtigen Beruf erlernen.

---

1. *Notiere mithilfe des Atlas (S. 257, S. 77), welche Länder Pajam auf ihrer Flucht passiert hat?*
2. *Warum ist Pajam aus ihrem Land geflohen? Wie gestaltete sich die Flucht?*
3. *Wo lebt Pajam nun? Wie geht es für sie in Deutschland weiter?*

Bonus:
a) *Miss mit Hilfe des Maßstabs die ungefähre Entfernung zwischen Kabul und München.*
b) *Was kannst du persönlich tun, um Flüchtlingen in Deutschland zu helfen?*

---

[9] Bildquelle: http://www.utehempelmann.de/wp-content/uploads/2011/02/Afghanischer-Junge.jpg.

M5 Arbeitsblatt 2 *(hier aus ökonomischen Gründen mit Hervorhebungen als Differenzierung für leistungsschwächere SuS. Diese entfallen bei der Version für alle SuS)*

Der Weg der Flüchtlinge nach Deutschland

Beispiel 2: Kalaf aus Syrien

Die Flüchtlingskrise ist momentan das vorherrschende Thema in den Nachrichten. Es gibt dabei unterschiedliche Gründe, warum Menschen ihre Heimat verlassen und auch kommen die Flüchtlinge aus verschiedenen Ländern. Wir wollen den Weg der Flüchtlinge nachverfolgen und die Ursachen der Flucht herausfinden.

Kalaf (12) ist im März 2015 aus einem Vorort Damaskus, der Hauptstadt Syriens, **mit seinem Bruder und seiner Mutter nach Deutschland geflüchtet**. Sein Vater war Ende 2014 im syrischen Bürgerkrieg ums Leben gekommen, seine beiden **Schwestern** sind von der Terrororganisation **"Islamischer Staat" (IS)** verschleppt worden. Bis heute wartet die Familie vergeblich auf ein Lebenszeichen.

Seit Jahren herrscht in Syrien ein **verbitterter, blutiger Krieg zwischen verschiedenen Bevölkerungsgruppen und Religionen** innerhalb des Landes. Kalaf lebte in seiner Heimat bis zu seiner Flucht in ständiger Angst vor Überfällen und Angriffen. Seine Mutter wollte ihren Kindern eine **bessere Zukunft** ermöglichen und entschloss sich schließlich zur **Flucht Richtung Europa**.

Seine Mutter hatte schließlich alles Geld zusammengesucht, um einen **"Schlepper"** zu bezahlen, der ihnen einen Platz auf einem völlig überfüllten Boot nach Griechenland organisierte. Schlepper machen sich die Notlage der Menschen zu Nutze, in dem sie **für Geld bei der Flucht helfen**. Auf dem Landweg ging es von dort auf Lastwagen, per Bus und zu Fuß mit hunderten anderen Flüchtlingen nach Berlin, wo Kalaf zunächst in einem **Aufnahmelager in einer Turnhalle** wohnen muss. Auch wenn er froh ist, in Deutschland vorerst in Sicherheit zu sein, so **weiß er nicht, ob er dauerhaft bleiben darf** oder früher oder später zurück nach Syrien muss.

---

1. Notiere mithilfe des Atlas (S. 77), welche Länder Kalaf auf seiner Flucht passiert hat?
2. Warum ist Kalaf aus seinem Land geflohen? Wie gestaltete sich die Flucht?
3. Wo lebt Kalaf nun? Wie geht es für ihn in Deutschland weiter?

Bonus:
a) Miss mit Hilfe des Maßstabs die ungefähre Entfernung zwischen Damaskus und Berlin.
b) Was kannst du persönlich tun, um Flüchtlingen in Deutschland zu helfen?

---

[10] Bildquelle: http://i1.web.de/image/008/30506008,pd=3/syrische-kinder.jpg.

M6 Arbeitsblatt 3 *(hier aus ökonomischen Gründen mit Hervorhebungen als Differenzierung für leistungsschwächere SuS. Diese entfallen bei der Version für alle SuS)*

Der Weg der Flüchtlinge nach Deutschland

Beispiel 3: Ana aus Albanien

Die Flüchtlingskrise ist momentan das vorherrschende Thema in den Nachrichten. Es gibt dabei unterschiedliche Gründe, warum Menschen ihre Heimat verlassen und auch kommen die Flüchtlinge aus verschiedenen Ländern. Wir wollen den Weg der Flüchtlinge nachverfolgen und die Ursachen der Flucht herausfinden.

Ana (12) ist im August 2015 aus einer **Kleinstadt bei Tirana**, der Hauptstadt Albaniens, mit ihrer Familie nach Deutschland geflüchtet. Obwohl Albanien in Europa liegt, **geht es den Menschen - und auch Ana - in ihrem Land gar nicht gut**. Viele Menschen sind arbeitslos. Sie verdienen dann zum Beispiel ihr Geld mit dem Sammeln von Plastikflaschen. **Geld für die Ausbildung ihrer Kinder haben sie nicht**. Das ist ein Teufelskreis.

Um ihrer Tochter eine **bessere Zukunft** zu ermöglichen, entschlossen sich Anas Eltern nach Deutschland zu **flüchten**. Das war alles andere als einfach, weil einige Länder, die es zu durchqueren galt, die Grenzen geschlossen haben. So musste Ana einige **Nächte auf dem Bahnhof in Budapest** verbringen und hoffen, dass es irgendwann weitergehen würde - **per Zug, Bus oder zu Fuß**.

Schließlich erreichte Ana samt Familie ein **Erstaufnahmelager in Celle**. Alle hoffen, dass sie bald in eine richtige Unterkunft bekommen und für immer in Deutschland bleiben können. **Ana möchte gerne in die Schule gehen**, wie es alle anderen Kinder in Deutschland auch machen. Ihre Eltern finden es traurig, dass vielen Flüchtlinge aus Albanien und den umliegenden Ländern unterstellt wird, dass sie nur des Geldes wegen nach Deutschland gekommen sind. Das stimmt nicht, weil die meisten Albaner aus **Perspektivlosigkeit** geflüchtet sind.

---

1. Notiere mithilfe des Atlas (S. 77), welche Länder Ana auf ihrer Flucht passiert hat?
2. Warum ist Ana aus ihrem Land geflohen? Wie gestaltete sich die Flucht?
3. Wo lebt Ana nun? Wie geht es für sie in Deutschland weiter?

Bonus:
a) Miss mit Hilfe des Maßstabs die ungefähre Entfernung zwischen Tirana und Celle.
b) Was kannst du persönlich tun, um Flüchtlingen in Deutschland zu helfen?

---

[11] Bildquelle: https://encrypted-tbn1.gstatic.com/images?q=tbn:ANd9GcTAjl1e2H7M0bNJOYaPfHFcnZxGR3o3cJUQh5goelQ_NjBWseXb.

M7 Arbeitsblatt 4 *(hier aus ökonomischen Gründen mit Hervorhebungen als Differenzierung für leistungsschwächere SuS. Diese entfallen bei der Version für alle SuS)*

Der Weg der Flüchtlinge nach Deutschland

Beispiel 4: Justice aus Nigeria

Die Flüchtlingskrise ist momentan das vorherrschende Thema in den Nachrichten. Es gibt dabei unterschiedliche Gründe, warum Menschen ihre Heimat verlassen und auch kommen die Flüchtlinge aus verschiedenen Ländern. Wir wollen den Weg der Flüchtlinge nachverfolgen und die Ursachen der Flucht herausfinden.

Justice (14) hat sich im Juni 2014 aus **Abuja, der Hauptstadt Nigerias**, auf den Weg in **Richtung Norden** (Europa) gemacht. Die Lage für Kinder und Jugendliche in Nigeria ist **aussichtlos**. Wegen des Bürgerkriegs zwischen verschiedenen Bevölkerungsteilen gibt es **kaum Chancen auf ein friedliches, glückliches Leben**. Die islamistische Terrororganisation Boko Haram macht den Menschen das Leben sehr schwer.

Deshalb haben Justices Eltern alles getan, um ihm eine **bessere Zukunft mit Schule** und Beruf zu ermöglichen. Mithilfe eines "**Schleppers**", für den sie ihr gesamtes Ersparste bezahlt haben, ist Justice alleine nach Europa geflohen. Der **gefährlichste Teil der Flucht war die Überfahrt von der lybischen Küste nach Italien**. Das völlig überlastete Fischerboot sank und wie durch ein Wunder wurde Justice gerettet. Viele andere Flüchtlinge, vor allem Frauen und Kinder, ertranken. Die Bilder werden ihm **nie aus dem Kopf** gehen.

Nach mehreren Monaten der Flucht erreichte Justice schließlich Deutschland und wurde hier in einer **ehemaligen Kaserne bei Stuttgart** untergebracht. **Er vermisst seine Familie** sehr und ist dennoch froh, ohne ständige Angst vor Übergriffen durch Terroristen abends einschlafen zu können. Wie es für ihn weitergeht, ist noch **unklar**. Er hofft natürlich, dauerhaft in Deutschland leben zu dürfen.

---

1. Notiere mithilfe des Atlas (S. 257, S. 77), welche Länder Justice auf seiner Flucht passiert hat?
2. Warum ist Justice aus seinem Land geflohen? Wie gestaltete sich die Flucht?
3. Wo lebt Justice nun? Wie geht es für ihn in Deutschland weiter?

Bonus:
a) Miss mit Hilfe des Maßstabs die ungefähre Entfernung zwischen Abuja und Stuttgart.
b) Was kannst du persönlich tun, um Flüchtlingen in Deutschland zu helfen?

---

[12] Bildquelle: http://www.plan.de.

M8 Beobachtungsauftrag (mit erwarteten Schülerlösungen)

Arbeitsauftrag:

- Folge dem Vortrag deiner Mitschüler aufmerksam!
- Trage alle Informationen in diese Tabelle ein, so hast du am Ende alle Ergebnisse zusammengefasst auf einem Blatt!

	Pajam	Kalaf	Ana	Justice
1. Länder, die auf der Flucht durchquert wurden.	Iran, Türkei, Bulgarien, Serbien/ Rumänien, Ungarn, Österreich	Griechenland, Bulgarien, Mazedonien, Albanien, Serbien, Ungarn, Österreich	Kosovo, Serbien, Ungarn, Österreich	Niger, Libyen, Italien, Schweiz/ Österreich
2. Gründe für die Flucht und Ablauf der Flucht.	Hungersnot, Taliban sorgen für Terror, Perspektivlosigkeit - Hilfe von Schlepper erhalten, viel Geld gezahlt, alles verloren, Flucht per Bus, Zug, zu Fuß	Terror durch den Islamischen Staat, Vater tot, Schwestern verschleppt, Bürgerkrieg, Angst, Perspektivlosigkeit - Per Boot nach Griechenland, per Lastwagen, Bus, Zug und zu Fuß nach Deutschland	Arbeitslosigkeit, Keine Bildungsmöglichkeiten, Perspektivlosigkeit - Zu Fuß, per Bus und Zug	Bürgerkrieg, Terror durch islamistische Boko Haram, Perspektivlosigkeit - gefährliche Überfahrt per kleinem Fischerboot ab lybischer Küste
3. Leben in Deutschland und die Zukunft.	Lebt jetzt in München in einem Flüchtlingslager in Zelten, Zukunft unsicher, will in Deutschland bleiben	Lebt in einer Turnhalle, unsichere Zukunft, Hoffnung bleiben zu dürfen	Aufnahmelager in Celle, sie möchte wie ihre Altersgenossen zur Schule gehen, unsichere Zukunft	Lebt aktuell in einem Erstaufnahmelager in Stuttgart, hofft auf gute Zukunft in Deutschland

BEI GRIN MACHT SICH IHR WISSEN BEZAHLT

- Wir veröffentlichen Ihre Hausarbeit, Bachelor- und Masterarbeit

- Ihr eigenes eBook und Buch - weltweit in allen wichtigen Shops

- Verdienen Sie an jedem Verkauf

Jetzt bei www.GRIN.com hochladen und kostenlos publizieren